鬼谷说

不可思议的古生物

脊索动物篇 上

鬼谷藏龙　著

长江出版传媒　｜　长江文艺出版社

图书在版编目（CIP）数据

鬼谷说：不可思议的古生物. 脊索动物篇. 上 / 鬼谷藏龙著. -- 武汉：长江文艺出版社，2023.4（2023.5 重印）
ISBN 978-7-5702-2725-9

Ⅰ. ①鬼… Ⅱ. ①鬼… Ⅲ. ①古生物学－普及读物②古动物－半索动物－普及读物③古动物－脊椎动物门－普及读物 Ⅳ. ①Q91-49②Q911.726.3-64

中国国家版本馆 CIP 数据核字 (2023) 第 040413 号

鬼谷说：不可思议的古生物. 脊索动物篇. 上
GUIGUSHUO : BUKESIYI DE GUSHENGWU. JISUODONGWU PIAN. SHANG

丛书策划：陈俊帆

责任编辑：杨 岚　王天然　　　　　　责任校对：毛季慧

封面设计：袁 芳　　　　　　　　　　责任印制：邱 莉　胡丽平

出版：长江出版传媒　长江文艺出版社
地址：武汉市雄楚大街 268 号　　　　邮编：430070
发行：长江文艺出版社
http://www.cjlap.com
印刷：湖北新华印务有限公司

开本：720 毫米×920 毫米　　1/16　印张：3.5
版次：2023 年 4 月第 1 版　　　　2023 年 5 月第 2 次印刷
字数：23 千字

定价：135.00 元（全六册）

目录

前言

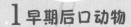

地球生命历史约40亿年，在约8亿年前，出现了最早的动物，而在5亿多年前，世界迎来了寒武纪大爆发，形成今天动物世界的雏形。仔细想来，这真是一首无比波澜壮阔的史诗。午夜梦回，我仰望星空，总会忍不住感慨，在这同一片星空之下，亿万斯年间，曾经有多少生灵来来去去，它们的故事必定也会让人心潮澎湃。

于是我做了一个决定，效法史迁究天人之际、通古今之变、终成一家之言，将我对于古生物学的一点浅见，付诸些许文献检索的辛劳，也为过去亿万年间之地球生灵撰写一部纪传体史书。在书写过程中，我的思绪也会经由查阅的资料回到那激荡的岁月，我仿佛看到昆明鱼在浑浊的浅海中一往无前，看到"角石"（注：为了和现代鹦鹉螺区分，本书中早期有外壳头足类都笼统称为角石。在其他材料中，这些角石也可能被称作鹦鹉螺。）张开腕足震慑四海，看到海蝎纵横来去，看到泥淖之中的提塔利克鱼，看到巨树之巅的巨脉蜻蜓，看到末日之下的二齿兽，看到兽族起于灰烬，看到恐龙横行天下，看到人类王者降临。

我不由自主地将感情注入了这些远古生灵之中，希望各位读者也能在字里行间看到我脑海中曾经涌现的盛景，跟着我的思绪亲密接触这万古生灵，一起欣赏伟大的动物演化史诗。

如果我们穿越到5亿多年前的寒武纪，没有人相信这么一群游泳滤食的小蠕虫有朝一日会成为演化的巨人，然而在苟且偷生的处境之下，脊椎动物却在布局着一盘大棋。终于有一天，它们带着势不可当的威压征服世界，加冕为王，直至今日无敌手。

作者简介:

鬼谷藏龙,原名唐骋,中国科学院脑科学与智能技术卓越创新中心博士,上海科普作家协会会员,B站知名知识类UP主(ID:芳斯塔芙)。

从2014年起从事关于神经科学、基因编辑、科学史和古生物领域的科普,撰写了科普文章100余篇。曾参与编写《大脑的奥秘》,翻译《科学速读脑内新世界》;在B站开设账号"芳斯塔芙",目前拥有超过300万粉丝,视频累计播放量约3亿。曾获B站第三届"新星计划"奖,B站2019年、2020年、2022年百大UP主,2019年"科学3分钟"全国科普微视频大赛特等奖,被评为网易2021年度影响力创作者。

画师简介:

夜蓝啊夜蓝,一名梦想用漫画做科普的插画师。著有搞笑漫画《天演论》等。

专家团队简介：

方翔，中国科学院南京地质古生物研究所副研究员，硕士生导师。主要从事早古生代地层及头足动物的研究，在奥陶纪地层划分对比、寒武纪－志留纪头足类系统古生物学、生物古地理学等方面取得重要成果。

历年来与英国、德国、芬兰、瑞士、澳大利亚、泰国等国学者有密切的合作研究。主持国家自然科学基金委、中国地质调查局等多项课题。

孙博阳，中国科学院古脊椎动物与古人类研究所古哺乳动物研究室副研究员，从事晚新生代哺乳动物演化研究。

朱幼安，中国科学院古脊椎动物与古人类研究所副研究员，入选中国科学院"百人计划"青年项目。主要研究方向为颌起源及有颌鱼类早期演化，相关成果对脊椎动物"从鱼到人"演化之树重要节点的认识产生重要影响。

王海冰，中国科学院古脊椎动物与古人类研究所副研究员，主要从事中生代哺乳动物系统演化方面的研究工作。

脊椎动物的黎明
早期后口动物

　　虽然我很喜欢将动物演化类比为王朝更迭，但是严格来说这种类比不太恰当。

　　任何生物的演化都是一个非常混沌的体系，一般情况下，一切生命每时每刻都在产生无数的基因突变。有的基因突变经过一定的积累，有非常微小的概率让生物解锁某种新的能力，这些新能力又有很小的概率让拥有它的个体变得更能适应环境。生命如恒河沙数，总会有些抽中大奖的幸运儿，能在与同类的竞争中脱颖而出产生更多后代，最终让突变的基因普及开来，在更能适应环境的基因的基础上再周而复始地突变与筛选，形成新的物种，或是挤占掉其他生物的生态位。

基因突变纯属随机，环境的变迁更是不可捉摸，所以动物的演化无不是——生死有命，成败在天。

然而，有那么一类动物，却在这无尽的混沌中踩出了一条让人拍案叫绝的精妙演化之路，那便是两侧对称动物中一个极为离经叛道的基干分支——后口动物。

故事依旧从寒武纪开始。

我曾经说过，寒武纪的动物长得都比较敷衍了事，但相比之下，最早的后口动物长得简直让人丈二和尚——摸不着头脑。

什么前后颠倒啥的早被说烂了，咱讲点别的。早期后口动物的样子像一群没头

鬼谷说

古虫动物在早期后口动物中的分类地位仍有一定争议，这里遵从舒德干的观点，将其视为后口动物基干分支。不过即使古虫动物和后来的后口动物没有继承关系，它们的早期演化路线也基本代表了后口动物整体的演化路线。

没脑瞎游的小蝌蚪，它们在演化上最大的成就，是在身体侧面开了几个洞。

这些早期的后口动物学会了在海水中张着大口游泳，海水从口中进入，又从两边开的洞里流走，其中大块一点的食物颗粒就能被截留下来。

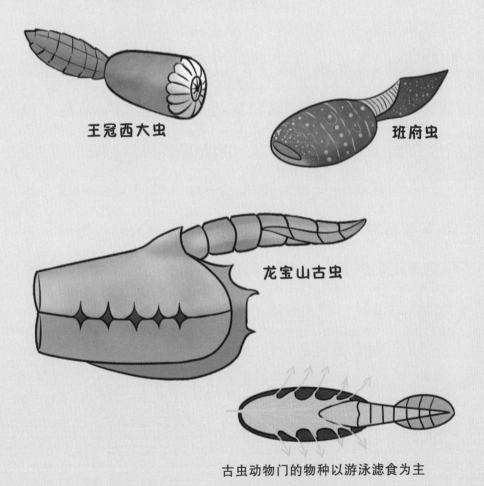

王冠西大虫

班府虫

龙宝山古虫

古虫动物门的物种以游泳滤食为主

在此基础上，一些早期后口动物给这几个开孔当中填充了很多细丝一样的组织，这些组织不但能像滤网一样充分过滤海水中的食物颗粒，也能大大增加与水流的接触面积，从而还获得了气体交换，也就是呼吸的功能。于是后口动物最重要的"出门"装备——鳃孔，至此完全成形了。

早寒武纪的海洋富饶丰沛，凭着鳃孔强大的滤食功能，早期的后口动物随便乱游一通便能吃喝不愁。很快，它们一个个都演化成了"鱼形绝户网"。

然而这种演化思路带来了一个非常严重的问题，随着海水中的食物逐渐稀缺外加一些其他因素的影响，它们的那个网兜兜——专业点叫咽腔的东西只能变得越来越大，大到最后，就没有地方容纳头了。

没了头可不代表没什么好怕的了。这种没头脑的操作直接导致它们损失了大部分感觉器官与神经中枢，而少了感觉与中枢，整个神经系统也趋于退化。神经不足，肌肉慢慢也不行了。

最早的后口动物

棘皮动物　半索动物

所以有相当一部分的后口动物选择抛弃游泳的生活方式，沉到海底，与海绵、水螅、腕足动物之流一起在海底固着滤食。这些自甘堕落的后口动物演化成了后来的棘皮动物和半索动物。

不过还有那么一小撮铁骨铮铮的后口动物转而选择收缩咽腔，重新强化神经与肌肉。由于在之前的演化中，原来的以腹神经索与口神经环为核心的神经中枢已经高度退化，它们索性不破不立，将背部残存的一根大神经发展为新的神经中枢，由此产生了脊髓的雏形——背神经。

为了更进一步强化运动能力，有些后代在自己的体内演化出一根富有韧性的"棍子"，这根棍子可以像弹簧一样储存部分身体摆动的能量，让游泳变得更加省力，从而稍稍弥补了因为肌肉退化带来的动力短板。这根"棍子"正是传说中的脊索。

于是，这个星球上最为传奇的动物类群——脊索动物诞生了。

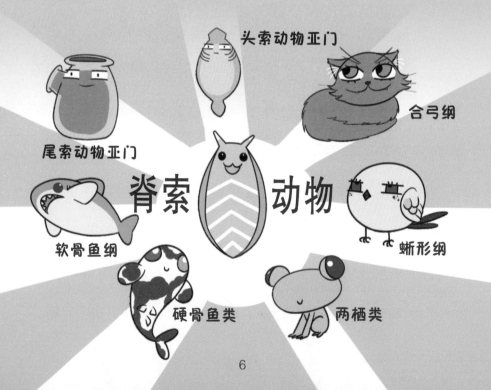

头索动物亚门

合弓纲

尾索动物亚门

脊索 动物

蜥形纲

软骨鱼纲

硬骨鱼类

两栖类

在寒武纪中前期，有一支脊索动物迅速崛起，极大强化了自己的脊索，一举成为当时游泳生活的后口动物的中坚力量。

这支脊索动物被称为头索动物，如今它们的后代只剩下了两种文昌鱼。

我们头索动物就算饿死，也绝不会像棘皮动物那样沉到海底滤食！

祖宗霸气！

弹幕

现代头索动物文昌鱼

华夏鳗

嘿嘿，真香！

造成这种结果，主要是因为它们在演化上犯了一个错误，随着运动能力不断强化，它们把脊索一路延伸到头部最前端，这也是"头索动物"名称的由来。但脊索因此过多占据了脑的发展空间，一步错，步步错，最终让神经中枢的重构工程功亏一篑。

不过好在脊索动物当中还有一支从一开始就没犯这个错误，它们成了脊索动物"全村的希望"。

仿佛是吸取了头索动物的教训，这一支脊索动物的脊索长期保持在身体后半段，只把背神经向前延伸，并且在头部膨大，重新构建出原始的脑，又在此基础上发展出了具有视觉的眼睛。更加发达的神经与感官使它们能够进一步强化肌肉……

这一支，后来演化成了今天的尾索动物。今天大部分尾索动物在出生的时候都还保留着脊索动物的基本身

鬼谷说

哇，人家棘皮动物都好歹还留了个神经环，保留一点点感觉运动能力，有一支棘皮动物还演化成了海参，试着重新自由运动，你这尾索动物怎么能这样呢？

体模式，但它们很快开始变化，并在这个过程中把自己的神经系统退化到只剩一个神经节，利用硕大的咽腔来滤食。

现代尾索动物

海鞘

海底到底有什么诱惑，让后口动物们如此锲而不舍地前仆后继？其实主要还是因为，在寒武纪中前期的海洋中，大部分营养物质都沉积在海底附近，海水中总体来讲比较空旷，当时氧气浓度也远不如今日。

因此，后口动物从短暂的生命中学到一件事，像它们这样的滤食性动物能力是有限的，愈是强化运动，愈

会在食物和氧气供应上遇到困难，除非放弃运动……

但是，还是有那么一群脊索动物在这条自由之路上走到了最后，就是它们演化成了脊椎动物。

迄今为止，人类在寒武纪中前期一共就发现过三种脊椎动物，分别是丰娇昆明鱼、耳材村海口鱼和长吻钟健鱼。它们的化石数量并不多，而且全部都发现于云南帽天山一带，足可见能在这条道路走到最后的后口动物是凤毛麟角。我们真得好好感谢一下这些演化洪流中的异数，不然我们今天只能像根海草，随波摇摆啦。

不过要注意的是，此时的脊椎动物还是只有脊索，并没有真正意义上的脊椎。关于脊索和脊椎的关系，我们留到以后的章节再讲。

乍一看去，经过一番折腾，脊椎动物只不过是回到了起点。当此之时，其他动物都已经行至中局，而咱们的祖先却好像才刚刚开局，情形真是太不利了。

然而，其他动物的神经系统，本质上都是在其祖先辐射对称的网状神经系统基础上改造而来，在拓扑结构上并不非常适应两侧对称的身体构造。这个历史遗留问题将在接下去数亿年中，随着动物的感觉运动能力逐渐加强而愈发棘手，最终让绝大多数动物的智力演化陷入到积重难返的境地。

  可是脊椎动物经过这一番看似奇怪的折腾，相当于从零开始重铸了一套高度适应两侧对称身体构造的神经中枢，这为后来脊椎动物在感觉、运动与智力方面爆发夯实了基础。

  甚至，那个鳃孔也是一个精妙的伏笔。在脊椎动物这一脉，鳃孔逐渐演化成细长的鳃裂，其中原本用来过滤食物颗粒的软组织有一部分演化成支撑鳃腔的软骨，被称为鳃弓。而这些看似没什么用的鳃弓更是在之后的一亿年中逐渐演化出了整个动物界最可怕的装备。

当时，三叶虫的族群正如日中天；海蝎子的祖先已经完成了对附肢的改造，正磨刀霍霍向奇虾；短棒角石已经冉冉升起；属于头足类软体动物的王朝已经乍现曙光。它们可能怎么也不会想到，身边这些看起来毫不起眼的肉虫子，早已悄悄完成了一场天翻地覆的身体革命。

脊椎动物的崛起
甲胄鱼

之前我们讲到，经过一番跌跌撞撞的早期演化之后，脊椎动物终于登上了历史舞台。

虽说此前脊椎动物完成了重铸神经系统的壮举，但是作为一类滤食性的动物，这一切真的值得吗？

毕竟直到5亿年前的寒武纪中后期，游泳滤食都是一种非常尴尬的生活方式，较之固着滤食会耗费更多氧气与能量，却不见得能多获得多少食物。为运动而生的发达肌肉与内脏总是令掠食者垂涎三尺，可凭早期脊椎动物有限的游泳能力，在这"猫鼠游戏"中能有几分胜算呢？

好在就在这个当口，地球送出了一个"官方大礼包"。在4.9亿年前的寒武纪末，浮游生物迎来了一轮大爆发，这对于任何滤食性动物来讲都不啻（chì）是一个巨大利好。这轮风口一来，脊椎动物可真是当风轻借力，一举入高空啊。

从4.8亿年前的奥陶纪开始，有一支脊椎动物迅速成了海洋中最常见的动物类群之一。它们极大强化了自己的运动能力，并且演化出了口部构造，一举跻身当时海洋中最主流的小型掠食者。而这一支脊椎动物，后来经过几亿年的演化，全部都灭绝了……

这繁盛一时的脊椎动物被称为牙形动物。尽管单就数量而言，它们的化石真的是冠绝整个动物界，但是由于它们全身上下基本只有牙齿才能形成化石，所以科学家们直到最近几十年才意识到它们原来是一群脊椎动物。

那有的人可能要问了，咱们的祖先不是牙形动物的话，又会是谁呢？

如果我们穿越到奥陶纪，会发现当时咱们的祖先类群简直堪称脊椎动物之耻。比如说星甲鱼，它的模样基本就是个铁憨憨。但是吧，要真是个刀枪不入的铁块倒

也好了，问题是它把鱼尾巴露在外面，倔强而不失调皮地向世界表明自己的可食用本色。

哎，不争气啊，它是如何苟全性命于奥陶纪的呢？很简单，它能够扭动尾巴迅速把自己半埋在海底的泥沙中，于是眼神不太好的巨型羽翅鲎啥的可能直接踩过它头顶，浑然不知猎物正在脚下。

与星甲鱼差不多同时代的这支脊椎动物还有莎卡班坝鱼和阿兰达鱼等，身体构造大同小异，基本上是大头盔套个鱼尾巴，宛如一条条会游泳的锤子。它们被称为甲胄鱼。

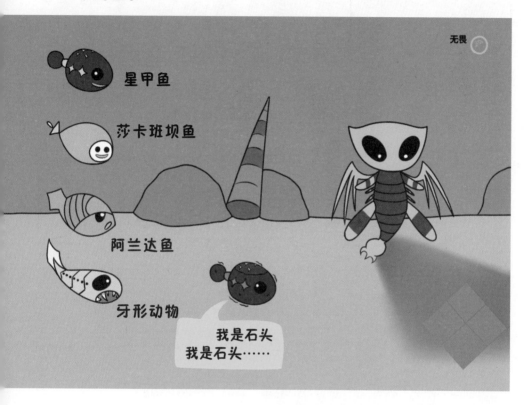

这一身构造让甲胄鱼类吃尽了苦头，纵观整个奥陶纪，甲胄鱼类都是非常不起眼的小角色。如果不知道之后发生的事情，我甚至会觉得，它们的存在只是脊椎动物在装甲路线上昙花一现的尝试。

在奥陶纪末，动物迎来了自诞生以来的第一次大灭绝事件——奥陶纪末大灭绝。这次灭绝的详细经过我们之前已经提过很多次，颇有几分福祸相倚的意味。而甲胄鱼类便从此焕发了生机，只不过这份生机却也是无数血泪铺就的。

大灭绝后，甲胄鱼类总体上依旧维持着原来的佛系滤食生活，然而一群不速之客的闯入却硬生生打破了这份宁静。

在4.4亿年前的志留纪，各种海蝎子迎来了黄金时代。以翼肢鲎为代表的各种大型海蝎子一直牢牢霸占着食物链最顶层的位置，正如以前的巨型羽翅鲎一样，它们贪婪的大螯自然也不会放过肥美的鱼类。

这些底栖的甲胄鱼不过是温和的滤食者，进无爪牙之利，退无筋骨之强，一生人畜无害，只图苟安当下。奈何奈何，前有迅猛无双的角石，后有披坚执锐的海蝎子，在命悬一线的生存压力之下，甲胄鱼们纷纷开始探索新的身体构造，由此迎来了甲胄鱼类形态最为多变的时代。

比如有一类叫作异甲鱼的甲胄鱼，它们开始将原本铁板一块的头甲拆分成数片，同时大大强化自己身体后半部分的鱼鳞，活脱脱是个身具板甲与鳞甲的古代武士，在一定程度上兼顾了防御与运动。

而与之相反的是另一类名不副实的甲胄鱼——缺甲鱼，它们早早抛弃了全身的骨板。

不过在这众多的演化尝试中，最终力拔头筹的则是一类称为骨甲鱼的甲胄鱼类。它们完成了几项重大突破，让脊椎动物从此实至名归。

在体外，它们发展出了骨质的盔甲。之前的星甲鱼也好，异甲鱼也好，它们的铠甲成分更加接近于我们的牙齿，质地固然坚硬，但是其致密的构造也使其笨重不堪。而骨甲鱼的骨质铠甲却有几分接近我们的骨头，内部疏松多孔，可以兼顾强韧与轻便。

在体内，它们发展出了软骨质的内骨骼，这些软骨将原本的脊索和背神经管包裹其中，缔造出今天脊椎的雏形。

异甲鱼类

身着由多块甲片组成的铠甲，兼顾防御与运动。

缺甲鱼类

褪去了甲胄鱼标配的一身铠甲。

花鳞鱼类

鳞片细腻，可能拥有鲜艳的色彩，很适合作为观赏鱼（如果还活着的话）。

盔甲鱼类

亚洲东部特产的一类甲胄鱼，双眼的中下方有一个标志性的孔（不是嘴巴哦），让它们成为了会游泳的表情包。

骨甲鱼类

最进步的甲胄鱼，骨质铠甲、偶鳍、内骨骼、髓鞘等特征让它们脱颖而出，成为有颌鱼类的祖先。

而最最重要的一点是，骨甲鱼深度改造了自己的神经系统，它们给神经纤维包裹上了一层富含脂质的绝缘外套，被称为髓鞘。这种复合式的神经结构极大优化了神经信号的传导效率，一举让神经在更加节能的同时，传导速率提升了一百倍。

　　如果说之前的神经中枢重构是整体架构的优化，那么髓鞘的出现无疑是基础硬件的革命，从此脊椎动物在神经系统层面上，就拥有了和整个动物界完全不是一个次元的装备。

　　在这无与伦比的神经系统与软骨质的内骨骼系统共同作用下，骨甲鱼又演化出了一种对脊椎动物影响深远的器官——偶鳍。一般鱼类长在身体中轴线上的背鳍和尾鳍等被称为奇鳍，可以提供强劲的推动力，却很容易让身体失去平衡。而位于身体两侧的偶鳍则正好弥补了这项缺憾，赋予了鱼类超强的机动能力，一举让鱼类变成了四海之中最机敏的生物。

　　然而，到了这一步，离脊椎动物真正当家作主的时

代却还差那么一点点。

　　我们之前说了，志留纪主要是海蝎子的时代。在这些装甲巨虫的威压之下，鱼类纵然已经有了睥睨众生的优势，却始终难以将优势转化为胜势，那天下无双的感觉运动能力只能勉强在海蝎子的阴翳之下苟活而已。

4.2亿多年前，一切看起来一如往常。然而在云南曲靖，一片富饶而与世隔绝的浅海，却发生了一件足以彪炳脊椎动物史册的大事——海蝎子输了。

这片海域宛如海蝎帝国最薄弱的环节，这里的海蝎子不但数量稀少，体形大多也比较小，而这须臾的松懈已经足以成为推倒海蝎帝国崩溃的第一张多米诺骨牌。就是在这里，脊椎动物积累了一亿年的演化潜力迎来了总爆发。

这一切，开始于一支甲胄鱼将几对鳃弓改造成了下颌，从此一支名为有颌鱼类的全新势力登上了历史舞台。

要说这云南真乃脊椎动物的龙兴之地啊！脊椎动物演化史上，前两次重大革命都是在这里发生的。

下颌的出现，让脊椎动物终于有了第一件神挡杀神、佛挡杀佛的"武器"。更关键的是，这解放了咽腔的摄食功能，此后咽腔基本上收缩成了一根管子，头部的大量空间腾了出来，为脊椎动物的脑部发展扫清了最后的

钝齿宏颌鱼

梦幻鬼鱼

初始全颌鱼

25

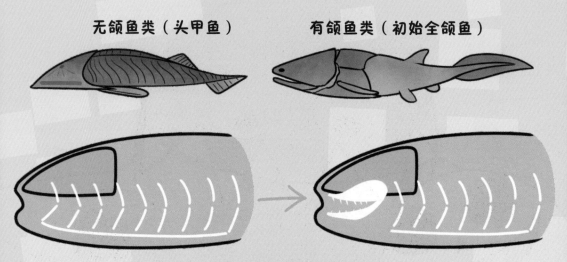

无颌鱼类（头甲鱼）　　　　有颌鱼类（初始全颌鱼）

下颌由前两对鳃弓改造而来

障碍。

　　比如目前已知较早拥有完整下颌的鱼类之一：初始全颌鱼。它体长约30厘米，以今天的眼光来看行动还有些许笨拙，但初始全颌鱼已经开始捕食小动物，向着食物链的高层进发了。

　　不久之后，便出现了诸如钝齿宏颌鱼这样体长超过1米、稳居食物链顶层的地区性霸主。到4.2亿年前的志留纪末期，我们今天所熟知的各种脊椎动物分支的祖先类群便已经悉数登场。很快这群动物界的后起之秀便不再满

软骨鱼　　　　　辐鳍鱼　　　　　肉鳍鱼

棘鱼类　　　　　古鳕类　　　　　梦幻鬼鱼

足于在云南称霸一隅，它们从这里涌向了全世界。

亿年苦寒无人问，一朝出世天下惊。

脊椎动物为何能打遍天下无敌手？有人说是凭下颌，有人说是凭运动。但事实却简单粗暴得多：脊椎动物的决胜法宝在于体形，即纯粹的碾压。

动物的体形扩大受限于很多因素，对自由运动的动物来说，神经的传导速率是一道跨不过去的坎。无脊椎动物的神经传输速率一般来说只有1~2米每秒，可能还不如你走路快。这样一来，一旦它们的体形达到1~2米甚至更多的时候，就不可避免地变得笨拙迟钝。

泥盆纪的莱茵耶克尔鲎体长可达3米，但它们已经无法驱动身体做太精细的运动了。奥陶纪的房角石体长可达10米，可其中绝大部分都是贝壳，其软体只能固缩在身体最前端一米左右的范围内。

后世的头足类通过加粗神经纤维的方式让神经传输速率达到了25米每秒，可是那么粗的神经纤维在体内又塞得下几根呢？

只有脊椎动物，拥有传输速率可以超过100米每秒的有鞘神经纤维，配合布局极为合理的神经中枢，体型再大也不用担心神经不够用。于是从4.1亿年前的泥盆纪开始，涌现出了一批体形普遍较大的有颌鱼类，它们被称为盾皮鱼类。

比如说在3.8亿至3.6亿年前的泥盆纪末期出现的邓氏

鱼，可能是盾皮鱼家族中体形最巨大的动物。根据不同的复原，它们体长在5米到9米之间，宛如铡刀的嘴部可以输出高达数百公斤的咬合力。同时它们还身披厚重的甲片，甚至连眼睛上都配备着一圈甲片，几乎能够免疫海蝎子的大螯毒刺。

在其他生态位上，体长大约为8米的霸鱼成了海洋中近乎无敌的滤食动物，用实际行动证明了游泳滤食的可行性。而素食性的就更不必说了。

这些进击的巨鱼宛如阎罗，所到之处，尸横遍野。它们彻底颠覆了整个动物界的秩序，在短短1000万年内就改变了地球生命的面貌。

从此泥盆纪有了一个别称——鱼类时代。从这里开始，脊椎动物坐上了地球霸主的宝座，自此以后四亿年再也不复陨落。

只不过颇有几分戏剧效果的是，盾皮鱼类为脊椎动物打下了江山，却没能坐稳江山。它们在3.7亿多年前的泥盆纪末的浩劫中，成了第一批退场的有颌鱼类，但是

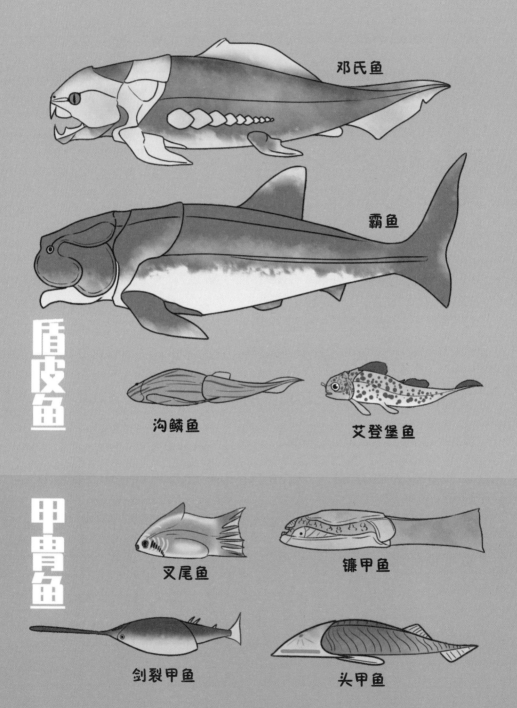

邓氏鱼

霸鱼

盾皮鱼

沟鳞鱼

艾登堡鱼

甲胄鱼

叉尾鱼

镰甲鱼

剑裂甲鱼

头甲鱼

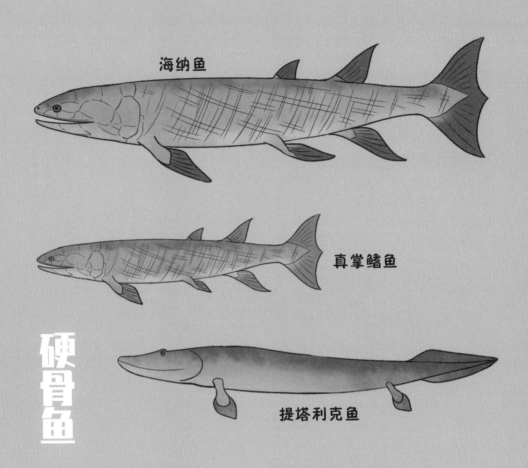

海纳鱼

真掌鳍鱼

硬骨鱼

提塔利克鱼

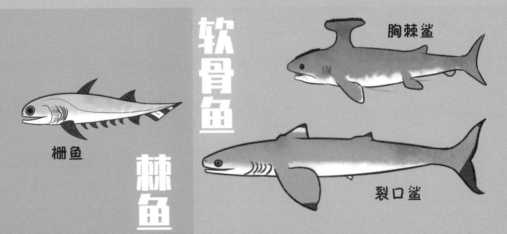

软骨鱼

胸棘鲨

栅鱼

棘鱼

裂口鲨

它们已经完成了自己的历史使命。在大灭绝之后不久，另一支鱼类迅速崛起，接手了盾皮鱼类的江山。而与此同时，更有一支鱼类不但涅槃重生，更是奔向了脊椎动物从未涉足的禁地。

世界，我来了。

你不懂我没有主角光环的伤悲

半索动物

之前我们说过，后口动物在早期的演化中，一不小心没有给脑子留下空间，而咱们脊椎动物的祖先经过一系列的挣扎，最终以凤凰涅槃的姿态重获自由。但是重铸神经中枢这种事情，高风险高收益。富贵险中求的肯定也不只咱一家，所以有像咱们脊椎动物这样做成了的，必定也会有"玩脱"了的。

比如说同为后口动物的近亲——半索动物。半索动物和棘皮动物都是较早一批向海底发展的后口动物的后代。但是和爽快接受现状的棘皮动物不一样，半索动物老想要逆天改命。如果我们穿越到5.2亿年前的寒武纪中前期的云南帽天山一带，运气好的话会看到当地海底有一种"小鱼"在游来游去，那就是海口虫。

不要把海口虫和之前讲过的海口鱼傻傻分不清楚，它们是两种完全没有联系的动物。海口虫可能与半索动物更加接近，但是它长得真的很像鱼。它们不但演化出了强健的肌肉，其背神经的发展也远远超过了同时期的脊索动物，看上去神经中枢重建工程前途一片大好呀。

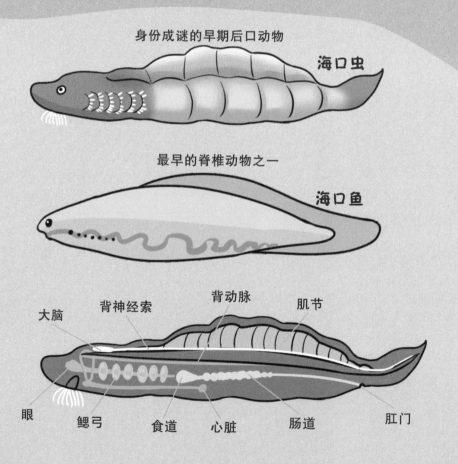

身份成谜的早期后口动物

海口虫

最早的脊椎动物之一

海口鱼

大脑　　背神经索　　背动脉　　肌节

眼　　鳃弓　　食道　　心脏　　肠道　　肛门

但是有些事情，没有主角光环是做不来的。

与后来的脊索动物一样，自由之路上的重重障碍也自然会挡在半索动物们面前，亟须解决的一个问题便是如何收缩自己的咽腔来给脑子腾地方。

脊索动物的策略是加快咽腔里的海水流速，提升滤食与呼吸的效率，这样咽腔就不用那么大了。

而半索动物则采取了另一种策略，它们深度改造了自己的呼吸和摄食系统，尽可能让咽腔变得不再必要。

简单来说，它们的鳃丝从鳃孔中冒了出来，从内鳃变成了外鳃，就不需要那么大的咽腔来呼吸了。只不过鳃丝跑到了外面，也让咽腔变得不是那么方便滤食。于是它们索性演化出了一个特别灵活的舌头，专业术语叫作"吻"，可以翻出来吞食海底的淤泥。从此成了蚯蚓一般的食泥者，顺便还学会了在海底淤泥中钻洞。

更有一些半索动物机智地发现，自己的外鳃其实也可以变得像渔网一样在海水中滤食，而挖洞技能则可以方便在遇到敌害时缩进淤泥里面。不过考虑到寒武纪中后期开始便出现了会刨土的掠食者，因此一些半索动物还学会了构建硬质的虫管，这不但大大加强了防御力，也让它们可以在海底固着得更加牢固。

经过这样一番操作，咽腔变得几乎没什么用了，可以缩到很小，给脑子的发展腾出了空间，终于……

半索动物的演化

　　你们以为它们"翻身做主人了"？不不不，果然有些事情，没有主角光环是做不来的。

　　不过说句公道话，半索动物的演化史中倒是也有高光时期。在寒武纪末到奥陶纪初，海洋中的浮游生物迎来了一轮大爆发，一时之间，海洋里出现了无数各种各样的滤食性动物。而我们知道，自带咽腔鳃孔的后口动物在滤食这件事上一直都很有优势，然而即使在高手辈出的后口动物中，半索动物也是一枝独秀，因为它发明了一种特殊的滤食技巧。

　　说起滤食，我们能想到的，无外乎是固着滤食和游泳滤食，前者舒服但只能捡别人吃剩下的，后者先下手为强但消耗很大。而咱们的半索动物可厉害了，它的滤食方式是——漂浮滤食。

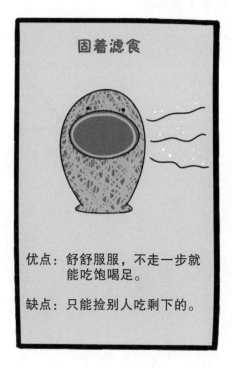

固着滤食

优点：舒舒服服，不走一步就能吃饱喝足。

缺点：只能捡别人吃剩下的。

游泳滤食

优点：先下手为强，垄断海洋一手食物资源。

缺点：能量消耗大。

　　我们之前说过有一支半索动物学会了构建硬质的虫管，这支半索动物更是进一步，学会了往虫管里面充气。

半索动物史上最"漂"的演化支从此冉冉升起，那就是——笔石。

　　不过它们倒是没有忘掉滤食的老本行。它们漂到海面上，倒悬着滤食海面附近的浮游生物，既不用耗费多少能量，又能轻松垄断海面附近的浮游藻类，美滋滋。

　　由于现代已经极少有采取这种生活方式的动物，所以这些笔石在外形变化上也是相当超越人类的想象，而在我看来最奇特的是腔笔石目——它们演化成这种相当赛博朋克的造型。

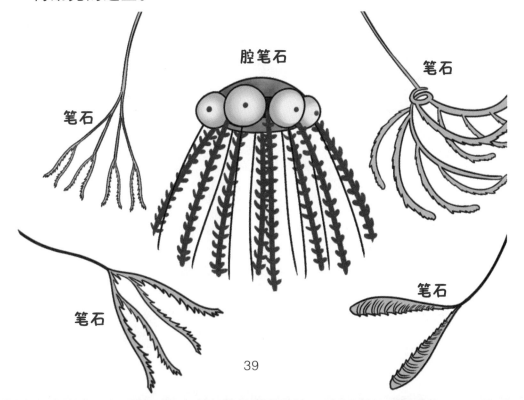

它们在岩层中留下的化石也是极具辨识度，宛如是谁用铅笔在地层中画下了奇怪的符号一般，笔石也由此得名。

在4.8亿年前的奥陶纪，海面上那可真是漂满了多姿多彩的笔石，密密麻麻，宛如奇异世界的一片珊瑚礁。哇，这就是走上生命巅峰的感觉吗？

然而在4.45亿年前的奥陶纪末，由于板块运动等原因，在大约180万年里，海平面先是急剧下降之后又快速回升，随后海洋又遭遇了污染，笔石赖以为食的浮游生物遭到重创。

这大起大落实在太刺激，经历了这些之后，笔石纲六个目灭绝到只剩两个，其中一个也在之后的2000万年里逐渐走向了消亡，实际幸存的只能算一个目。

而随后笔石又遭遇了一个强劲的对手，海百合。

但这还没完，随着陆地植物的愈发昌盛，海面上出现了大量的浮木，这下子海面的竞争就更热闹了，笔石终究也只能败下阵来，在泥盆纪末大灭绝后不久便彻底

奥陶纪末大灭绝　　　　海百合的竞争　　　　越来越多竞争者出现

退出了历史舞台。

　　而笔石的陨落也宣告了整个半索动物门从此失去了顶梁柱。如今，整个半索动物门只剩下一百来个物种，若非因为笔石在演化上极为微妙的位置，今天的科学家可能都不屑于去研究它们。遥想当年，它们与脊椎动物也不过是寸步之遥，如今却落得这份田地。

　　哎，失之毫厘，谬以千里，此言得之。

希望的火种
尾索动物

　　如果给动物演化增添一点浪漫想象的话，我经常觉得每个动物门类中的每一个演化支都是带着某种使命的。

　　最典型的如软体动物：双壳类主要负责向底层开拓，头足类主要负责在顶层争雄，而腹足类则主要负责固守基本盘。

　　而在咱们脊索动物门当中，如果说脊椎动物在超强的感觉运动与智力这条路线上走到了极致，那么佛系到无以复加的尾索动物大概就负责积极探索演化的其他可能性吧。

我主要负责向底层开拓。

双壳类

提到超强的感觉
运动和智力，那就是
我们脊椎动物！

脊椎动物

我负责在
顶层争雄！

头足类

脊索动物门

软体动物门

腹足类

我负责固守基本盘。

但在积极探索演化
的其他可能性上，我们
尾索动物才是希望的火
种呢。

尾索动物

掘足类

又不带我玩是吧！

43

尾索动物的起源非常古老。在寒武纪中期，咱们脊索动物的龙兴之地，我国已经出现了两种疑似尾索动物——始祖长江海鞘和山口山口海鞘。

鬼谷说

唔，你没看错，它就是姓山口名山口，咱也不知道当初描述它的科学家咋就起了这么个名字。

这两种寒武纪海鞘已经和今天的海鞘非常相似了，而海鞘正是今天最典型的尾索动物。

海鞘的身体在成年后基本上变成了海绵的高仿，神经系统极度退化。不过它实际上也不需要运动，大部分海鞘的身体表面覆盖着一层非常坚韧的硬皮，被称为被囊，因此现代一般把尾索动物称为被囊动物。被囊之内基本空空如也，嚼不烂没营养，几乎没什么动物会对这种空盒子般的玩意儿感兴趣。所以，海鞘诚可谓是把无用之用发挥到了极致。

除此以外，极简的身体构造也使得海鞘身上不存在什么不可或缺的部分，于是它们获得了极为强悍的恢复能力，虽说不能像海绵那样即使化为齑（jī）粉也能恢复如初，但基本上不存在致命伤的概念。

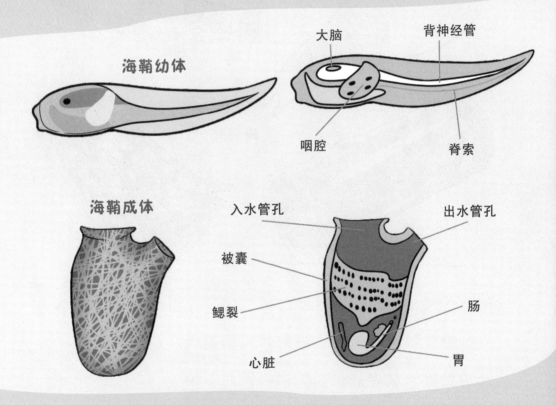

海鞘幼体

大脑　　　　背神经管

咽腔　　　　脊索

海鞘成体

入水管孔　　出水管孔

被囊

鳃裂

肠

心脏　　　　胃

可能正是这份立于不败的自信，让有些海鞘连那身自保的硬皮都抛弃了，它们变得轻薄透明，成了人见人爱的小萌物。有些海鞘就真的漂了起来，从此也在演化上放飞了自我。

它们演化成了樽海鞘。

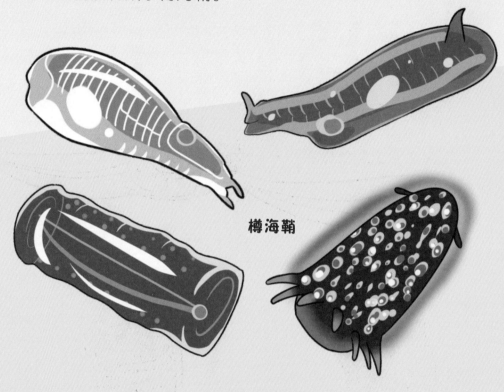

樽海鞘

樽海鞘大大强化了喷射水流的能力，将自己变成一个生物喷水式发动机。它们一边吸水喷水，一边过滤其中的食物颗粒，这种极端高效的滤食方式，让樽海鞘成了世界上繁殖最快的动物。

如果说一般的海鞘是海绵的高仿，那么樽海鞘大概是刺胞动物的高仿。不知道大家还是否记得，之前我们说过对其他生物实施降维打击的管水母，于是有些樽海鞘也有样学样，克隆自身并彼此连接成磅礴的生命阵列。

虽说与管水母比起来，樽海鞘在个体分化上还是稍逊风骚，但樽海鞘在超个体的形态变化上却是青出于蓝。与管水母只是单纯拖曳着自己的聚落不同，樽海鞘将整个聚落的神经连接了起来，真正做到了意志共享——如果它们真的有意志的话。从此樽海鞘得以实现更加复杂的群体运动，将聚落从一维推向了三维。

以火体虫（鳞海鞘）为代表的一类樽海鞘组装出宛如异次元生物一般的外貌，加之它们还能发出鬼魅般的荧光，真可谓如梦似幻，难以言喻。火体虫群落已经有了身体内外之分，每个个体都不再各自为政，而是通过整个聚落的结构达到整体大于个体之和的效果。

我有时在想啊，如果这种超个体的生命形态真的代表了生命演化更高级形态的话，未来的樽海鞘与管水母说不定会来那么一场争霸，而最终的赢家也未可知。

"严格来说，火体虫不是'一个'。"火体虫9982号解释道。

"但是考虑到我们已经实现了共享意志，说是'一个'，似乎也没什么问题。"火体虫10032号补充道。

也就是说，打败你一个，我就能登顶超个体生物之王？

樽海鞘

"而是由成千上万只火体虫组成的，跟你一样的超个体生物。"火体虫10031号接着说道。

管水母

如果你觉得尾索动物只会单纯模仿那些早期动物，那你太小看它了。还有一支尾索动物的分支走上了一条极具特色的演化之路——它们是尾海鞘。

与其他尾索动物不同，尾海鞘在它仅仅几天的短暂一生中始终保持着自由游泳的形态。因此它们或许比较接近尾索动物和脊椎动物共同祖先的样子。

但尾海鞘也并非是几亿年来都一成不变的活化石。它们在漫长的演化中产生了一种非常独特的生活方式，

这些细如毫末的浮游生物能够分泌出特殊的蛋白质，编织出一张精致的滤网，过滤海水中的各种食物颗粒。它们一生都拖着网生活，死后也会带着网一起沉入海底，形成所谓的"海洋雪"。它们种类虽然不多，却广布四海，源源不断地将浅海的丰饶传递给深海，滋养起无数深海生态系统。

我们看过了太多动物界的你争我夺，总觉得更高更大更强总是动物界颠扑不破的真理。然而仔细想想，正如当初的厌氧菌们不知道地球会有那么一天充满氧气，单细胞生物也无法想象有那么一天它们会无差别地被多细胞的滤食者一网打尽。世事难料，我们也不敢肯定今天动物界的军备竞赛不会在某个将来变成无甚意义的蜗角之争。

说不定亿万年后，脊椎动物终究会发现，走进演化死胡同的竟是自己。也许尾索动物未来会用实际结果告诉我们，极简主义才是真正的无懈可击，才能迸发出最不可思议的演化潜力，它们才是脊索动物希望的火种呢。

参考资料（部分）

学术论文、综述：

Janvier, P. (2015). Facts and fancies about early fossil chordates andvertebrates. Nature, 520(7548), 483.

Brown, F. D., Prendergast, A., & Swalla, B. J. (2008). Man is but a worm:chordate origins. genesis, 46(11), 605-613.

Terrill, D. F., Henderson, C. M., & Anderson, J. S. (2018). New applicationsof spectroscopy techniques reveal phylogenetically significant soft tissue residue in Paleozoic conodonts. Journal of Analytical Atomic Spectrometry, 33(6), 992-1002.

Lamsdell, J. C., & Braddy, S. J. (2009). Cope's Rule and Romer's theory:patterns of diversity and gigantism in eurypterids and Palaeozoic vertebrates. Biology Letters, 6(2), 265-269.

专著：

David Evans Walter , Heather C. Proctor: Mites: Ecology, Evolution & Behaviour: Life at a Microscale

视频、纪录片：

CNRS: plankton chronicles: Salps–Exploding Populations
National Geographic :Earth :Making of a Planet

网站&网页

https://www.earthlife.net/inverts/ascidiacea.html

科普文章：

The Marine Detective: Otherworldly Drifter. Mind Blown. 2015
攀缘的井蛙：【地球演义】系列

更多资料详情，扫描二维码获取